Tewelde Gebre
Mensur Dessie
Solomon Hagos

# Uma Avaliação dos Serviços dos Ecossistemas

Tewelde Gebre
Mensur Dessie
Solomon Hagos

# Uma Avaliação dos Serviços dos Ecossistemas

ScienciaScripts

**Imprint**


Cover image: www.ingimage.com

This book is a translation from the original published under ISBN 978-620-2-07582-4.

Publisher:
Sciencia Scripts
is a trademark of
Dodo Books Indian Ocean Ltd. and OmniScriptum S.R.L publishing group

120 High Road, East Finchley, London, N2 9ED, United Kingdom
Str. Armeneasca 28/1, office 1, Chisinau MD-2012, Republic of Moldova, Europe
Printed at: see last page
**ISBN: 978-620-7-92017-4**

# Índice

# Resumo

*A informação sobre o estado dos serviços ecosistémicos tem uma importância vital na preparação dos planos económicos locais, regionais e nacionais. Os resultados do relatório de avaliação do estado dos serviços ecosistémicos ajudam os decisores a concentrarem-se nos serviços que são mais susceptíveis de serem fontes de riscos e oportunidades para decisões específicas. O principal objetivo deste estudo é avaliar os riscos e oportunidades que estão relacionados com os serviços ecosistémicos na cidade de Mekelle. Os dados para o estudo foram utilizados a partir de fontes secundárias. As conclusões do estudo mostram que existem diferentes serviços ecossistémicos que fornecem uma variedade de bens e serviços na cidade de Mekelle. O abastecimento de alimentos e água doce, os recursos genéticos, a qualidade do ar, a regulação do clima e da água, a purificação da água e o tratamento de resíduos, a recreação e o ecoturismo, o ciclo de nutrientes e o ciclo da água são considerados serviços ecossistémicos relevantes na cidade. Para avaliar o estado e as tendências dos serviços ecossistémicos relevantes na cidade, é feita uma análise detalhada do estado dos serviços ecossistémicos relevantes. Para este efeito, são seleccionados e utilizados indicadores para avaliar o estado e as tendências dos serviços ecossistémicos relevantes e os factores de mudança.*

*Palavras-chave: Energia, ecossistema, serviço, avaliação*

# Capítulo 1. Introdução

Mekelle é uma das cidades antigas da Etiópia, cujo desenvolvimento histórico se baseia na tradição oral. De acordo com a tradição oral, a formação da cidade remonta aos períodos medievais (Bryant, 2009). Foi fundada pelo imperador Yohannes IV na década de 1860.

De acordo com Kibrom (2005), Mekelle situa-se entre 13° 32' de latitude norte e 39° 33' de longitude leste, com uma altitude de 2000 a 2200 metros acima do nível do mar. Situa-se nas terras altas do norte da Etiópia, cobrindo uma área de 130 quilómetros quadrados. As principais formas de relevo da cidade estão classificadas em quatro categorias: planas a suavemente inclinadas, suavemente inclinadas a onduladas, inclinadas a moderadamente íngremes e íngremes a muito íngremes. O consumo de lenha pelos habitantes de Mekelle exerce uma grande pressão na degradação ambiental dos arredores, como os woredas de Hintalo-Wajirat e Saharti-Samre, provocando uma elevada desflorestação. Os rios que fazem Mekelle parecer um oásis incluem o May Degene, o Mai Zagra, o May Anshti, o May Atsgeba, o May Fakar, o May Bakel, o May Ayini, o May Gafuf, o May Liham, o May Kikuto, o Gerebubu e o May Ataro.

Mekelle goza de um clima ameno que pode ser descrito como Woina Dega. Durante a estação seca, os dias são agradavelmente quentes e as noites frescas; na estação das chuvas, tanto os dias como as noites são frescos. Há duas estações chuvosas, nomeadamente "Kiremit e Belg". Estima-se que a precipitação média varia entre 579 e 650 mm. A precipitação na estação chuvosa de Belg é demasiado baixa para o crescimento das plantas em geral. A principal estação chuvosa é Kiremit, onde há chuva e humidade suficientes para o crescimento das plantas (Kibrom, 2005).

Mekelle, como parte do globo, está a sofrer muito com o aquecimento global, agravado pela desflorestação e desertificação das áreas vizinhas. Por conseguinte, na ausência de um agente de arrefecimento que é a floresta na cidade e nas áreas vizinhas, a variação de temperatura é elevada, mesmo de hora a hora. A temperatura máxima média por ano é de 24,1° c e a mínima é de 11,11° c. Devido à desflorestação da área vizinha e à escassa cobertura de plantação de árvores na cidade, não existe qualquer barreira contra o vento que permita quebrar a velocidade e a força do vento. A velocidade média anual do vento em Mekelle é de 3 m/s. Por isso, a velocidade e a força elevadas do vento que sopra sobre as zonas desertas fazem com que o pó e o solo fino se espalhem muito facilmente (Bryant, 2009).

A cidade de Mekelle preservou zonas verdes naturais e artificiais em várias partes da cidade. A fuga de terras, especialmente na faixa verde das ruas, nos parques urbanos, nos jardins públicos e privados, nas zonas verdes naturais e semi-naturais. Apesar do crescimento da população urbana e da crescente procura de espaços verdes que lhe está associada, nos últimos anos, apenas foram construídas algumas estruturas verdes, ou seja, cerca de 772 hectares. O sector florestal tem um problema de gestão; foram feitas poucas plantações nas bermas das estradas. Apenas 11 parques públicos foram desenvolvidos para espaços verdes públicos e recreio no acesso (Dereje, et al., 2007).

Segundo o gabinete do projeto de preparação do plano da cidade de Mekelle (2006), a população total da cidade de Mekelle é de 334 816 habitantes, com uma taxa de crescimento anual de 5,4 %. Prevê-se que aumente para 844.043 em 2030. As casas de habitação, o desenvolvimento socioeconómico e as infra-estruturas físicas também estão a aumentar com o crescimento da população. Além disso, Mekelle é o centro regional da política, da administração, do comércio e da indústria e o destino de diferentes áreas (Bryant, 2009).

A taxa de desemprego na cidade de Mekelle é elevada. De acordo com o inquérito efectuado pela autoridade estatística central (citado em Dereje et.al. 2007), a taxa de desemprego na cidade é de 21,6%. Apesar dos esforços contínuos do município para aliviar a crise da habitação, continua a haver falta de oferta de habitação. A extensão total de estradas asfaltadas na cidade é atualmente de cerca de 40 quilómetros. Isto representa apenas 31,5% do total de 128 km necessários. O abastecimento de água da cidade é muito dependente de fontes de água subterrâneas. No entanto, devido à seca persistente, a água subterrânea está a diminuir de tempos a tempos. Como resultado, o abastecimento de água da cidade está em risco. Especialmente durante a estação seca, o serviço de abastecimento de água é obrigado a racionar a água por turnos. A cobertura atual de água da cidade está estimada em 67% (Dereje et al., 2007).

A cidade de Mekelle preparou um plano de desenvolvimento decenal para o período 2006-2015. Para preparar este plano de desenvolvimento, foram identificados o crescimento espacial e a tendência de crescimento da população nos anos anteriores (1984-2005). A utilização geral do solo (altura, densidade e zonagem de utilização), as infra-estruturas e a circulação (redes rodoviárias, serviços públicos e terminais), os espaços abertos e os aspectos ambientais e a oferta de habitação são planos considerados obrigatórios no plano de desenvolvimento da cidade. O quadro de desenvolvimento espacial da cidade tem 8 elementos, tais como a utilização mista, as zonas residenciais (cooperativas, propriedades imobiliárias, habitação de baixo custo, arrendável), os centros (administrativos, comerciais, culturais), as zonas verdes e os espaços abertos (campos desportivos, parques, florestas, agricultura urbana), os serviços sociais (educação, saúde, mercado de gado, locais de culto e cerimónias, matadouros, instalações de eliminação de resíduos), produção e armazenamento (casas de campo e artesanato, armazéns, garagens e oficinas, indústrias de média e grande dimensão), transportes rodoviários e rede rodoviária de serviços (cruzamentos rodoviários, mobilidade e acessibilidade, normas de espaçamento entre ruas) e transportes.

Dos 13.000 hectares de terreno da cidade no plano, o uso do solo é atribuído a usos permitidos em áreas de uso misto para habitação (50-60%), administração e comércio (5-10%), serviço social (5-10%), fabrico e armazenamento permitidos (5-10%), recreio e área verde (5-10%) e estradas (15-25%).

Este plano de desenvolvimento tem um impacto tanto negativo como positivo no ecossistema urbano da cidade. O principal objetivo deste trabalho é avaliar os riscos e oportunidades dos serviços de ecossistema na cidade de Mekelle. Foi feita uma análise detalhada de cada etapa e é apresentada a seguir. A análise baseia-se nos impactos da decisão do plano de desenvolvimento da cidade sobre o serviço do ecossistema da cidade.

**Figura 1. Mapa da cidade de Mekelle, 2010**

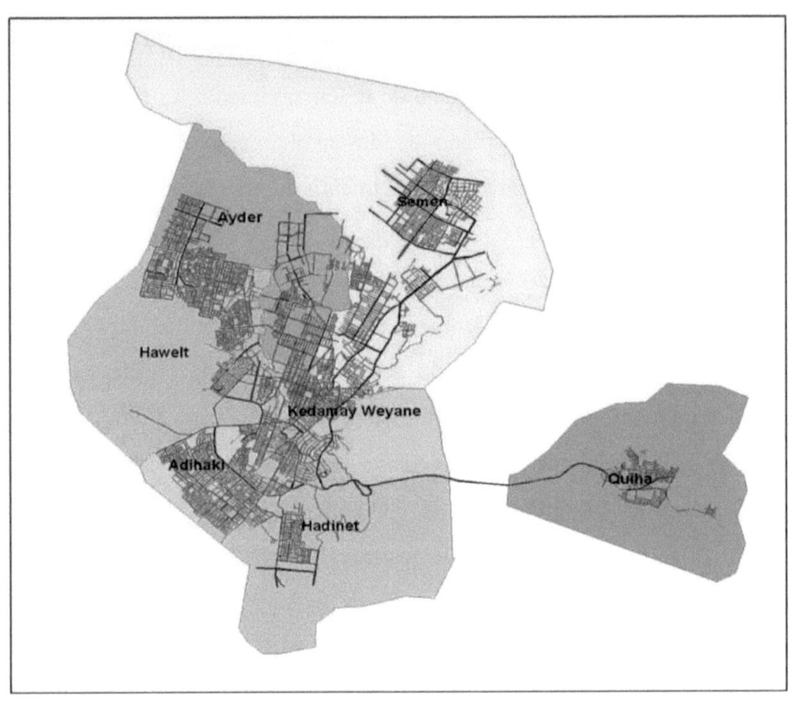
Ayder
Semen
Hawelt
Kedamay Weyane
Adihaki
Quiha
Hadinet

## Capítulo 2. Identificação dos Serviços Ecossistémicos em Jogo

Na cidade de Mekelle, existem diferentes serviços ecosistémicos que fornecem uma variedade de bens e serviços. Os seguintes serviços ecossistémicos são identificados de acordo com o facto de uma decisão depender ou não do serviço ecossistémico ou ter um impacto sobre ele.

**2.1 Provisionamento:** No âmbito do tipo de serviço ecossistémico de aprovisionamento, são identificados os seguintes serviços ecossistémicos.

**2.1.1 Abastecimento alimentar:** inclui as culturas, os legumes e a produção animal. A decisão de aumentar a produção agrícola, hortícola e pecuária recorrendo a fertilizantes e pesticidas, à melhoria das nascentes e à conversão de zonas húmidas e espaços abertos para a agricultura. Este facto tem um impacto negativo no ecossistema, como a eutrofização, a poluição da água e a perda de biodiversidade genética.

**2.1.2Abastecimento de água doce:** inclui água doce para uso doméstico, como para beber, para limpeza, para uso industrial e para rega. A decisão de aumentar o abastecimento de água doce é a extração de água subterrânea com recurso a máquinas. Isto tem um impacto negativo na disponibilidade de água, uma vez que esgota a água subterrânea.

**2.1.3Combustível de biomassa:** inclui a madeira para combustível que é recolhida nas florestas próximas. A decisão relativa ao combustível de biomassa consiste em alargar o fornecimento de fontes de energia alternativas, incluindo a energia hidroelétrica e a energia eólica (parque eólico de Ashegoda), e em expandir a utilização de fogões melhorados. Este plano de desenvolvimento protege o ecossistema florestal que, de outro modo, é utilizado para combustível de biomassa.

**2.1.4Recursos genéticos:** inclui as variedades autóctones de culturas, gado e espécies florestais. A decisão relativa aos recursos genéticos na cidade está a produzir espécies agrícolas e pecuárias geneticamente modificadas. Isto afecta negativamente o ecossistema através da perda de reservas de culturas e gado genéticos autóctones.

**2.1.5Medicamentos naturais:** inclui florestas e culturas que servem como medicina tradicional local. A decisão associada aos serviços de medicina natural é a preservação de algumas florestas ecologicamente importantes na bacia superior da cidade. Isto melhora o potencial do ecossistema florestal para fornecer medicamentos naturais.

**2.2 Regulação:** inclui os seguintes serviços ecossistémicos.

**2.2.1 Serviço de regulação da qualidade do ar:** inclui florestas e árvores de rua que removem poluentes e partículas da atmosfera. Uma decisão relacionada com o serviço de regulação da qualidade do ar é a expansão das indústrias, que afecta negativamente a qualidade do ar; enquanto que uma decisão de aumentar a cobertura florestal da cidade através de programas de reflorestação e arborização melhora o serviço de regulação da qualidade do ar, removendo poluentes e filtrando partículas.

**2.2.2Regulação do clima:** inclui florestas, parques e áreas verdes que capturam dióxido de carbono. A decisão relativa à regulação do clima é a expansão da produção de gado, que afecta o clima através da produção de metano, ao passo que a decisão relativa à florestação e reflorestação melhora o clima através do aumento da capacidade das florestas e dos parques para capturar carbono.

**2.2.3Regulação da água:** inclui a redução do risco natural de inundações através da retenção de água nas zonas húmidas e nas planícies aluviais dos rios. A decisão associada à regulação da água na cidade de Mekelle é a conversão das zonas húmidas em agricultura para utilização por pequenas e microempresas, o que afecta o serviço de regulação da água das zonas húmidas e das planícies aluviais dos rios.

**2.2.4Regulação da erosão:** inclui a redução do assoreamento das massas de água e do risco de deslizamento de terras através da vegetação e das florestas. A decisão relativa ao serviço de regulação da erosão é a reflorestação e a florestação que aumenta a cobertura de terra nua por florestas para reduzir o assoreamento e os deslizamentos de terras.

**2.2.5Purificação da água e tratamento de resíduos:** inclui a remoção de poluentes nocivos da água através da retenção de metais e materiais orgânicos pelas zonas húmidas. A decisão relativa ao serviço ecossistémico em discussão está a estabelecer o serviço de substituição das zonas húmidas por uma estação de tratamento de água e a utilização das zonas húmidas para a agricultura, o que afecta negativamente a capacidade de purificação e tratamento da água das zonas húmidas.

**2.2.6Regulação das** pragas**:** inclui o controlo das pragas das culturas por predadores na floresta, como morcegos e cobras. A decisão relativa à regulação das pragas na cidade é a utilização de pesticidas para aumentar a produção agrícola, o que afecta a qualidade da água devido ao escoamento de pesticidas para as massas de água.

**2.2.7Poluição:** inclui a polinização de culturas e florestas por insectos como as abelhas. A decisão a este respeito na cidade é a apicultura, que presta serviços de polinização a culturas e florestas.

**2.3 Serviços culturais:** estes serviços ecossistémicos estão limitados ao serviço de recreação e ecoturismo. As decisões associadas a estes serviços ecossistémicos são a expansão de infra-estruturas sociais e físicas (especialmente estradas e projectos de habitação) que afectam os serviços de recreio e ecoturismo ao reduzir a quantidade de florestas e parques. Por outro lado, as decisões de reflorestação e florestação melhoram os serviços de recreio e ecoturismo através da expansão da cobertura florestal e das áreas verdes.

**2.4 Serviços de apoio:** no tipo de serviço ecossistémico de apoio, são identificados os seguintes serviços ecossistémicos.

**2.4.1Ciclo de nutrientes:** inclui o ciclo de nutrientes como o carbono e o azoto pelas florestas para manter o equilíbrio natural. A decisão relativa à ciclagem de nutrientes é a reflorestação e a florestação, que aumentam a ciclagem de nutrientes, e a utilização de fertilizantes para substituir os nutrientes perdidos aumenta a ciclagem de nutrientes.

**2.4.2Produção primária:** inclui a formação de materiais através da assimilação ou acumulação de energia e nutrientes pelo organismo. A decisão associada à produção primária é a utilização de fertilizante de ureia, que afecta a qualidade da água por lixiviação.

**2.4.3Ciclo da água:** inclui a facilitação do ciclo da água pelas florestas através da retenção de água e da evapo-transpiração. A decisão relativa ao ciclo da água é a expansão das infra-estruturas sociais e físicas à custa das florestas, que reduzem o serviço de ciclo da água, ao passo que as decisões de reflorestação e florestação aumentam a cobertura florestal, o que melhora o serviço de ciclo da água.

Os factores de mudança dos serviços ecosistémicos na cidade de Mekelle podem ser categorizados como directos e indirectos. Os factores directos incluem a mudança de uso da terra (conversão de zonas húmidas, espaços abertos e florestas em agricultura e infra-estruturas), perda de espécies genéticas indígenas, descarga de poluentes e uso de fertilizantes, variabilidade climática (precipitação imprevista) e criação de animais. Os factores indirectos incluem a demografia (crescimento da população), as actividades económicas (expansão industrial), a prática de uma agricultura intensiva, o quadro jurídico (governação ambiental), a expansão das infra-estruturas sociais e físicas (estradas, abastecimento de água), os centros de educação e de saúde, a habitação e a sociedade civil (clubes e associações ambientais).

# Capítulo 3. Triagem da Relevância dos Serviços Ecosistémicos

Os serviços ecosistémicos que são identificados acima são analisados em termos da sua relevância para a decisão de modo a estabelecer prioridades para uma avaliação detalhada. Isto permite que os decisores incluam escalas geográficas (espaciais) e temporais no seu processo de tomada de decisão, assim como os informa para identificarem outros utilizadores dos serviços que possam afetar ou ser afectados pela decisão.

A triagem dos serviços ecosistémicos para a tarefa de relevância é realizada para a cidade de Mekelle com base nas dependências do serviço ecosistémico de uma decisão sobre um serviço ecosistémico, se existe ou não um substituto rentável para o serviço, e os impactos do serviço ecosistémico, se uma decisão tem ou não um impacto sobre um serviço ecosistémico, quer limitando ou aumentando a capacidade de outros usarem ou beneficiarem desse serviço, incluindo escalas espaciais (local a global) e temporais (presente a futuro). O nosso juízo sobre o impacto da decisão tem em conta a parte total do impacto no serviço global, a relação entre a oferta e a procura do serviço e o poder de empurrar o serviço ecosistémico para além de um limiar biológico (é o caso do recurso genético) que leva à escassez do serviço dentro da lente da sustentabilidade. Note-se que, a equipa de triagem usou o julgamento de especialistas da sua própria familiaridade com a cidade, referindo o plano de desenvolvimento e estudos de caso que são feitos na cidade. Tendo isto em mente, os seguintes serviços ecosistémicos são analisados quanto à sua relevância na cidade de Mekelle.

## 3.1 Aprovisionamento

**3.1.1 Abastecimento de alimentos:** é excluído porque a decisão de aplicar fertilizantes para aumentar a produção agrícola afecta uma grande parte dos residentes e a sua oferta também é escassa.

**3.1.2 Abastecimento de água doce:** este serviço ecossistémico é relevante para a decisão, uma vez que é difícil e ineficaz em termos de custos substituir a água doce através do estabelecimento de estações de tratamento de água para reciclagem de água. Além disso, a decisão da cidade de extrair grandes quantidades de água do subsolo afecta uma grande parte da comunidade local, uma vez que tem um impacto negativo na disponibilidade de água nos cursos de água.

**3.1.3Recursos genéticos**: é relevante na medida em que os recursos genéticos não são substituíveis por recursos artificiais. Por outro lado, a decisão de produzir variedades geneticamente modificadas de plantas e animais faz com que o serviço ecossistémico dos recursos genéticos ultrapasse um limiar biológico que acaba por conduzir à escassez do serviço.

### 3.2 Regulamentação

**3.2.1Qualidade do ar:** este serviço ecossistémico é relevante porque é mais rentável manter o ecossistema natural do que plantar árvores que necessitam de uma gestão intensiva durante o seu crescimento. Pelo contrário, a decisão de expandir as indústrias e as infra-estruturas na cidade afecta uma grande parte do total das comunidades locais e regionais, ou mesmo globais.

**3.2.2Regulação climática: a** sua relevância está relacionada com o facto de ser menos provável que substitua adequadamente o papel dos ecossistemas naturais na regulação artificial do clima. Mas, uma decisão de reflorestação e florestação na cidade aumenta a capacidade do ecossistema da cidade para a regulação do clima e serviços de abastecimento de água. No entanto, a decisão de expandir as indústrias tem um efeito potencial sobre uma grande parte das comunidades locais a globais e actuais a futuras.

**3.2.3Regulação da água:** este serviço ecossistémico é relevante para o qual não é rentável substituir o serviço ecossistémico de regulação da água das zonas húmidas pela construção de vias de inundação artificiais. A decisão de usar uma parte das zonas húmidas para a agricultura por pequenas e micro empresas limita o serviço de regulação da água das zonas húmidas. Também afecta grande parte das comunidades a jusante.

**3.2.4Purificação da água e tratamento de resíduos:** isto é relevante a partir das experiências em que a substituição do serviço de purificação da água das zonas húmidas por estações de tratamento de água para os serviços é dispendiosa. Por outro lado, uma decisão tomada pelo governo da cidade de Mekelle para converter as zonas húmidas em agricultura, empurra o serviço de ecossistema para além de um limiar biológico que leva à escassez do serviço.

## 3.3 Serviços culturais

**3.3.1Recreação e eco-turismo:** este serviço ecossistémico é relevante porque a decisão de expandir os locais de recreação na cidade beneficia uma grande parte da comunidade local. Além disso, o serviço de recreação e eco-turismo em Mekelle é escasso em comparação com o tamanho da população da cidade e a correspondente procura dos serviços.

## 3.4 Serviços de apoio

**3.4.1Ciclagem de nutrientes:** este serviço ecossistémico é relevante porque a decisão da cidade de reflorestar e florestar melhora o serviço de ciclagem de nutrientes, ao passo que a aplicação de fertilizantes para aumentar a produção agrícola pode fazer com que o serviço de ciclagem de nutrientes ultrapasse um limiar biológico que leva à deterioração dos serviços.

**3.4.2Produção primária:** são serviços ecossistémicos relevantes para os quais a decisão de utilizar fertilizante de ureia para melhorar o crescimento das culturas aumenta vigorosamente o serviço de produção primária. Pelo contrário, a utilização de fertilizantes à base de ureia na produção vegetal resulta em eutrofização que afecta o ecossistema aquático, bem como na escassez de água para a agricultura nas comunidades a jusante.

**3.4.3Ciclagem da água:** este serviço ecossistémico é relevante para as decisões na cidade em que a decisão de florestação e reflorestação melhora os serviços de ciclagem da água, cujo impacto abrange uma grande parte da comunidade, que pode ir da escala local à global.

# Capítulo 4. Avaliação do Estado e das Tendências dos Serviços Ecosistémicos Relevantes

Para avaliar o estado e as tendências dos serviços ecosistémicos relevantes da cidade de Mekelle, é feita uma análise detalhada do estado dos serviços ecosistémicos relevantes. Para este fim, os indicadores são seleccionados e usados para avaliar o estado e as tendências dos serviços ecosistémicos relevantes e os factores de mudança, conforme resumido na tabela abaixo.

Tabela 1: Os serviços ecosistémicos, as suas condições e tendências, e os factores de mudança e indicadores

| Ecosystem services | Indicators | Conditions and trends of relevant ecosystem services | | | Drivers | | | | Impact | Predictions |
|---|---|---|---|---|---|---|---|---|---|---|
| | | | | | Types | Trend | | | | |
| | | Increa-sing | Con st-ant | Decre-asing | | Increas-ing | Constant | Decre a-sing | | |
| Food supply | Amount of crops and vegetables and livestock | √ | | | Use of fertilizer and pesticide | √ | | | High: because increased run off pesticides and fertilizers affect fresh water quality and quantity and reduce aquatic life | Irreversible change may occur on aquatic life |
| | | | | | Landuse change | √ | | | Medium: because this impact is associated with periphery areas and illegal | |

| | | | | | | | | | | |
|---|---|---|---|---|---|---|---|---|---|---|
| | | | | | | | | | encroachment | |
| Fresh water | Water withdrawal from ground water wells | √ | | | Water drilling technology | √ | | | High: because water drilling technology easily extracts water from under ground | Availability of fresh water supply will decrease in the longrun |
| | | | | | Technical know how | √ | | | High: because the increase in technical knowhow speeds up the extraction of fresh water supply | |
| Genetic resource | Flora and fauna species | | | √ | Bio genetic technology | √ | | | High: because increasing genetic resources fully depends on bio genetic technology | The indigenous genetic resources will reach |

| | | | | | | | | | | irreversib le change |
|---|---|---|---|---|---|---|---|---|---|---|
| Ecosys tem service s | Indicators | Conditions and trends of relevant ecosystem services | | | Drivers | | | | Impact | Predictio ns |
| | | | | | Types | Trend | | | | |
| | | Incre a-sing | Con st-ant | Decr e-asing | | Increas-ing | Consta nt | Decre a-sing | | |
| Air quality | Peoples affected by respiratory disease | √ | | | Industria l expansio n | √ | | | High: because the emissions from industries affect air quality | |
| | Area under forest cover | | | √ | Land use changes | √ | | | Medium: because land use conversion from green to urban use moderately affect air quality | |

| Climate regulation | Area under forest cover | | | √ | Land use change (forests to agricultural land and infrastructure) | √ | | | Medium: because the amount of forest cover has an impact on climate regulation | |
|---|---|---|---|---|---|---|---|---|---|---|
| Water regulation | Drainage facilities | | √ | | Land use change (wetlands to agriculture and housing) | | √ | | Low: because the amount of wetland in the city is small and its effect or retaining flood water is relatively low | |

| | | | | | | | | | | |
|---|---|---|---|---|---|---|---|---|---|---|
| Ecosystem services | Indicators | Conditions and trends of relevant ecosystem services | | | Drivers | | | | Impact | Predictions |
| | | Increa-sing | Con-st-ant | Decre-asing | Types | Trend | | | | |
| | | | | | | Increas-ing | Constant | Decre-asing | | |
| Water purification and waste treatment | Level of impurities | √ | | | Types of chemicals used | √ | | | High: because chemical effluents can highly harm the ecosystem service | Wetlands may disappear |
| | | | | | Waste disposal | √ | | | High: because wastes from different sources can affect the ecosystem | |

| Recreation and eco-tourism | Total area of parks and green spaces | | | √ | Land use change (green areas to built environment) | √ | | | High: because land use change highly reduce recreation and ecotourism services | The amount of green spaces will decrease |
|---|---|---|---|---|---|---|---|---|---|---|
| Nutrient cycling | Area under forest cover<br>Area under built environment | <br>√ | | √ | Land use change (forest to built environment) | √<br>√ | | | High: because nutrient cycling depends on forest to facilitate cycling | |
| Ecosystem service | Indicators | Conditions and trends of relevant ecosystem services | | | Drivers | | | | Impact | Predictions |

| s | | Increa-sing | Const-ant | Decre-asing | Types | Trend | | | | |
|---|---|---|---|---|---|---|---|---|---|---|
| | | | | | | Increas-ing | Constant | Decrea-sing | | |
| Primary production | Total amount of green spaces | | | √ | Land use change (green areas to built environment) | √ | | | High: because primary production has been affected by built environment expansion | |
| Water cycling | Forest cover | | | √ | Land use change (forests to agricultu | √ | | | High: because land use change highly reduce amount of forests that facilitate water cycling through retaining water | |
| | | | | | re and infrastructure) | | | | and evapo-transpiration | |

# Capítulo 5. Avaliação da Necessidade de uma Valoração Económica dos Serviços Ecosistémicos

Os serviços ecosistémicos relevantes da cidade de Mekelle são atribuídos com valores económicos quantitativos usando valores de mercado para os serviços ecosistémicos relevantes que são capturados no mercado e valores indirectos para aqueles que não são atualmente avaliados no mercado. A necessidade de avaliação económica dos serviços ecosistémicos é: indicar o valor dos serviços ecosistémicos por tipo de serviço ecosistémico para que os decisores políticos da cidade possam usá-lo para dar prioridade às acções de conservação ecosistémica e às suas contribuições para o desenvolvimento sustentável; comparar a relação custo-eficácia dos substitutos de vários serviços ecosistémicos, por exemplo, a relação custo-eficácia da manutenção de zonas húmidas para serviços de purificação de água pode ser comparada com a construção e operação de uma estação de tratamento de água; o governo municipal pode também avaliar os impactos das políticas de desenvolvimento que incluem a avaliação dos custos dos serviços ecosistémicos associados à conversão do habitat, ao escoamento superficial ou à descarga de poluentes, o que pode também incluir a análise dos benefícios da conservação dos serviços ecosistémicos através da aplicação da regulamentação ambiental e do reforço da gestão dos recursos; e a criação de mercados para os serviços ecosistémicos através, por exemplo, do pagamento de serviços ecosistémicos.

À luz disto, a avaliação económica dos serviços ecossistémicos da cidade de Mekelle é feita com base nos dados disponíveis de diferentes estudos de caso, pesquisas e literaturas, tais como, o plano de desenvolvimento da cidade e outras fontes.

O método de avaliação dos serviços ecosistémicos relevantes com a sua escala espacial e constituintes está resumido na tabela abaixo.

Quadro 2: Serviços ecossistémicos e método de avaliação económica da cidade de Mekelle

| Serviço de ecossistema | Escala | Métodos de avaliação | Componentes | Observação |
|---|---|---|---|---|

| | | | | |
|---|---|---|---|---|
| Fornecimento de alimentos | Região: porque estes serviços ecossistémicos trazem benefícios para toda a cidade. | Preço de mercado: porque este serviço é captado no mercado | Agregados familiares. | - |
| Abastecimento de água doce | Região: porque este serviço ecossistémico traz benefícios para toda a cidade. | Preço de mercado: porque o abastecimento de água doce encontra-se no mercado. | Agregados familiares e indivíduos. | Considera-se a subvenção do Estado. |
| Recursos genéticos | Região: porque este serviço ecossistémico traz benefícios para toda a comunidade. | Função de produção: porque a entrada de recursos genéticos determina fortemente a sua saída. | Peritos | |
| Qualidade do ar | Região: porque este serviço ecossistémico proporciona benefícios a toda a comunidade. | Avaliação do custo dos danos: porque representa melhor o custo da qualidade do ar ao incluir os custos incorridos com o | Investigadores | |

| | | tratamento de doenças transmitidas pelo ar. | | |
|---|---|---|---|---|
| Regulação climática | Região: porque estes serviços ecossistémicos proporcionam benefícios a toda a comunidade. | Custo de substituição: porque o custo incorrido pelo substituto do serviço pode representar melhor o valor do serviço. | Investigadores | |
| Regulação da água | Bairro: porque este serviço está localizado em zonas específicas e presta serviço nas imediações. | Custo de substituição: porque, o custo incorridos para substituir o serviço é o valor do serviço ecossistémico | Engenheiros/peritos | |
| Purificação da água e tratamento de resíduos | Bairro: porque este serviço está disponível em locais específicos e presta serviços à comunidade vizinha | Custo de substituição: porque o custo segurado para substituir o serviço é o valor do ecossistema | Engenheiros especialistas | |

| Lazer e eco-turismo | Bairro: porque este serviço está disponível em locais específicos e presta serviços à comunidade do bairro. | Preço de mercado: porque o preço pago pelo refresco e pela visita é o valor dos ecossistemas | Visitantes | |
|---|---|---|---|---|
| Ciclo de nutrientes | Regional: porque os nutrientes estão disponíveis em todos os locais da cidade e prestam serviços a toda a comunidade | Custo de substituição: porque o custo incorrido para substituir os nutrientes é o valor do serviço ecossistémico | Agricultores | |
| Produção primária | - | - | - | Sem dados |
| Ciclo da água | - | - | - | Dupla contagem devido à avaliação do regulamento relativo ao clima |

De acordo com os métodos de avaliação económica acima referidos, o valor dos serviços ecossistémicos relevantes na cidade de Mekelle é calculado da seguinte forma:

**5.1 Abastecimento alimentar**: inclui os cereais, a horticultura e a pecuária. O valor económico dos cereais é calculado no quadro seguinte

Quadro 3: Valores económicos dos cereais da cidade

| Cereais | Superfície total cultivada em hectares | Produto médio por hectare em quintal | Produto total em quintal | Preço unitário por quintal em birr | Valor total em birr |
|---|---|---|---|---|---|
| Milho | 652,64 ha | 25 | 16,316 | 550 | 8,973,800 |
| Teff | 76,18 ha | 12 | 914,16 | 1300 | 1,188,408 |
| Trigo | 294,61 ha | 18 | 5,302.98 | 900 | 4,772,682 |
| **Total** | | | | | 14,934,890 |

Fonte: agricultura urbana de Mekelle (2007)

De acordo com Dereje, Pasquine e Dihon (2007), os agricultores ganham em média 925 birr por 0,004 ha de produção hortícola na agricultura urbana da cidade de Mekelle. E a área total cultivada para a produção de horticultura é de 1220,6ha. Por conseguinte, os agricultores ganham 282, 263, 750 birr.

O valor económico da produção animal em Mekelle é apresentado no quadro seguinte

Quadro 4: valores económicos do gado na cidade

| Tipo de gado | Produto total | Preço unitário médio | Valor total em birr |
|---|---|---|---|
| Gado | 7,013 | 6220 | 43,620,860 |
| Ovinos e caprinos | 1563 | 900 | 1,412,100 |
| Galinha | 8,091 | 80 | 647,280 |
| **Total** | | | 45,680,240 |

Fonte: agricultura urbana em Mekelle (2007)

Valor total do serviço ecossistémico de abastecimento alimentar = 14.934.890 + 282.263.750 + 45.680.240 = 342.878.880 birr/USD $ 18.046.256.

**5.2 Abastecimento de água doce:** De acordo com Ebato e Barbara (2005), o consumo diário de água doméstica per capita do estado regional de Tigray é de 7,9 litros. Além disso, de acordo com Mekelle city.com (2013), o preço de 20 litros de água potável é de 25 cêntimos. Partindo do princípio de que 75% do preço da água potável é subsidiado, o preço de um litro de água potável será de 0,5 cêntimos. De acordo com a projeção da população feita no plano de desenvolvimento local (2006) da cidade, a população total atual da cidade é de 334 816 habitantes. Por conseguinte, o valor total do abastecimento de água potável é calculado da seguinte forma

334.816x7,9 litros = 2645046,4 litros (consumo total de água doce)

2645046.4 x 0.5c = 1,322,523.2 birr/dia = 1322,523.3 x 365 = 482, 720, 968 birr/ano ou em USD é $ 25,406,366.7.

**5.3 Recursos genéticos**: De acordo com Brush e Meng (1998), os sistemas agrícolas tradicionais não diferem marcadamente do ecossistema natural. Por conseguinte, omitimos a avaliação dos recursos genéticos, tal como fizemos no serviço de ecossistema de abastecimento alimentar. Isto porque, para evitar a dupla contagem.

**5.4 Qualidade do ar:** De acordo com Mohammed, Teklehymanot e Hagos (2010), havia 992 doentes relacionados com a poluição atmosférica na cidade de Mekelle. E de acordo com Abebe, Berhe, Hish e Akaleweld (2012), o preço da ceftriaxona que é prescrita para pacientes relacionados com a poluição do ar é de 75 birr por indivíduo. Por conseguinte, o valor do serviço ecossistémico de qualidade do ar é:

992 x 75 birr = 74.400 birr ou em USD $ 3915,79

**5.5 Regulação climática:** De acordo com o plano de desenvolvimento local (2006) da cidade, 18,75 ha da cidade estão cobertos por floresta. De acordo com a empresa e o mercado florestal de Oromia, citados em Yitebitu, Zewdu e Sisay (2010), as florestas etíopes capturam, em média, 44,94 toneladas de carbono por hectare. Por conseguinte, a quantidade total de carbono capturado pela floresta da cidade é: 18,75ha x 44,94 = 842,525 toneladas de carbono e afirmam que o valor de uma tonelada de carbono é de 415,26 birr. Portanto, o valor do serviço de regulação climática é:

842,625 toneladas de carbono x 415,26 birr =349, 908,46 birr ou USD $ 18.416.235

**5.6 Regulação da água: o** valor do serviço ecossistémico de regulação da água é o custo incorrido para a construção de infra-estruturas de controlo de cheias. No entanto, não conseguimos encontrar dados que indiquem a distância e o custo necessário para a construção de infra-estruturas de controlo de cheias.

**5.7 Purificação da água: o** valor das zonas húmidas pela sua purificação natural da água é o preço das estações de tratamento de água. De acordo com Alibaba.com (1999), o preço da estação de tratamento de água salobra em contentores em USD é de 35.000 dólares. Portanto, o valor do serviço ecossistémico de purificação da água é de 35.000 USD.

Nota: não foi possível indicar a quantidade de estações de tratamento de água necessárias na cidade, uma vez que não dispomos de dados sobre a quantidade de água que as zonas húmidas purificam e a capacidade da estação de tratamento de água.

**5.8 Lazer e ecoturismo:** Para medir o valor da recreação e do ecoturismo na cidade de Mekelle, considerámos o número total de centros de recreação e ecoturismo, o número total de visitantes por dia e o custo médio incorrido durante a sua estadia. Finalmente, consideramos a diferença de custo entre outros sítios comuns e serviços recreativos e de ecoturismo como o valor do ecossistema.

Número total de serviços de recreação e ecoturismo na cidade = 10

Número médio de visitantes em cada centro = 60: total = 60 x 10 = 600 visitantes

Custo médio durante a sua estadia no centro de recreação e ecoturismo = 37 birr

Custo médio incorrido noutros centros comuns = 29 birr

Por conseguinte, a diferença = 37- 29 = 8 birr por pessoa

Total = 8 birr x 600 visitantes = 4800 birr/dia, num ano será; 4800 birr x 365 dias = 1.752.000 birr/ano ou USD $ 92.210,53 é o valor da recreação e do ecoturismo na cidade de Mekelle.

**5.9 Ciclo de nutrientes:** o valor do ciclo de nutrientes é o custo incorrido para substituir os nutrientes. De acordo com Derese et al (2007), 1030 hectares de área agrícola são cultivados usando dois quintais de fertilizante por hectare em média, dos quais 50% do fertilizante é DAP e os restantes 50% são UREA. De acordo com o Ministério da Agricultura (2013), os preços de um quintal de DAP e UREA são 1482 e 1273 birr, respetivamente. Por conseguinte, o valor do ciclo de nutrientes será:

1273 + 1483 = 2756 birr (preço do fertilizante por hectare)

2756 birr x 1030 ha = 2.838.680 birr/USD $ 149.404,21.

Com base na avaliação dos ecossistemas acima referida, o valor económico total dos serviços ecossistémicos relevantes na cidade de Mekelle, em USD, é de

18,043,256 + 25,406, 366.7 + 3915.79 + 18,416.235 + 35000 + 92,210.53 + 149, 404.21 = $ 43,748,569

# Capítulo 6. Identificação dos Riscos e Oportunidades dos Serviços Ecosistémicos

A identificação dos riscos e oportunidades dos serviços ecossistêmicos que estão associados ao plano de desenvolvimento da cidade envolve a utilização das informações analisadas nas discussões da parte acima. Levamos em consideração os resultados de diferentes cenários que indicam o estado de um determinado ecossistema no futuro. Ao identificar os riscos e oportunidades dos serviços dos ecossistemas, tentámos considerar a dependência da decisão sobre o serviço do ecossistema que pode ser mal reconhecido, pondo em risco as decisões sobre o estado desequilibrado da oferta e da procura de um serviço do ecossistema e a existência de quaisquer impactos imprevistos da decisão sobre os serviços do ecossistema de que outros dependem para o seu bem-estar, tanto em escalas espaciais como temporais. Basicamente, discutimos criticamente as mudanças nos serviços ecosistémicos em termos de trade offs ao identificar riscos e oportunidades em relação a cada serviço ecosistémico relevante.

As ferramentas aplicadas na análise de compromisso são:

*Mapeamento da pobreza e dos serviços ecossistémicos:* Esta ferramenta é utilizada para identificar quais as áreas que prestam serviços de importância crítica para os pobres; quem tem acesso aos recursos naturais; quem beneficia e quem perde, utilizando idealmente os melhores conhecimentos da nossa equipa sobre a cidade.

*Matriz do impacto das acções:* Esta ferramenta é usada para avaliar as interacções entre o objetivo de desenvolvimento (decisão) e o ecossistema, explicando os efeitos dos objectivos de decisão sobre o ecossistema, assim como os efeitos dos ecossistemas sobre o desenvolvimento.

*Avaliação económica:* Esta ferramenta é usada para chamar a atenção para o valor dos serviços ecosistémicos que de outra forma poderiam ser ignorados quando se tomam decisões que afectam o ecosistema.

Assim, as decisões, objectivos, vencedores e perdedores dos serviços de ecossistema da cidade de Mekelle estão resumidos na tabela abaixo.

Tabela 5: Decisões associadas aos serviços ecossistémicos da cidade e seus objectivos, vencedores e perdedores do impacto das decisões

| Decisão | Objetivo | Vencedores | Perdedores |
|---|---|---|---|
| Fornecimento de alimentos<br>Conversão de zonas verdes para a agricultura.<br>Aumento dos fertilizantes aplicação. | - Aumentar a produtividade e a produção das culturas e da pecuária. | -Agricultores e consumidores. | -Comunidade local.<br>-utilizadores a jusante de água doce. |
| Abastecimento de água doce<br>Extração de água subterrânea com recurso a máquinas. | -Aumento da quantidade de água doce na cidade. | -Comunidade local. | -Agricultores a jusante. |
| Recursos genéticos<br>Aumento da utilização de sementes geneticamente melhoradas. | -Aumento da produtividade das culturas. | -Agricultores e consumidores. | -Agricultores e comunidade local a longo prazo. |
| Qualidade do ar<br>Expansão dos transportes e das indústrias.<br>Florestação e | Facilitar a transação de pessoas, bens e serviços<br>Aumentar o rendimento da comunidade e do | Empresas da comunidade local e algumas partes da comunidade, governo.<br>Comunidade local. | Algumas comunidades locais ao longo dos locais de expansão dos transportes.<br>-Comunidade local |

| reflorestação | governo.<br>Melhorar a paisagem e a gestão das bacias hidrográficas. | | a jusante.<br>-Alguns agricultores que utilizam as pastagens e os espaços abertos. |
|---|---|---|---|
| Regulação climática<br>Criação de gado.<br><br>Reflorestação e florestação | Aumento da produção pecuária.<br><br>Melhorar a paisagem e os sumidouros de carbono. | Agricultores e consumidores.<br><br>Comunidade local. | Comunidade próxima da zona de criação de gado.<br>Alguns agricultores que estão a utilizar pastagens e espaços abertos. |
| Regulação da água<br>Utilização das zonas húmidas para a agricultura. | Aumento da produção agrícola e pecuária. | -Micro e pequenas empresas. | -Agricultores a jusante. |
| Purificação da água e tratamento de resíduos<br>Conversão de zonas húmidas para a agricultura. | Aumentar a produção das culturas. | -Agricultores. | -Utilizadores de água doce a jusante e agricultores. |
| Lazer e ecoturismo<br>Expansão das infra-estruturas (sociais e físicas).<br>Expansão de parques e zonas verdes. | Melhorar o bem-estar humano (conetividade, saúde, etc.).<br>Melhorar a paisagem e refrescar-se. | -Comunidade local. | Proprietários de imóveis.<br>Agricultores que dependem de espaços abertos e espaços verdes para pastoreio e |

|  |  |  | agricultura. |
|---|---|---|---|
| Ciclo de nutrientes<br>Utilização de fertilizantes. | -Aumento do teor de nutrientes dos solos. | -Agricultores. | -Utilizadores de água doce a jusante. |
| Produção primária<br>-Utilização de adubo à base de ureia. | -Aumenta o crescimento vigoroso das folhas das plantas. | -Agricultores. | -Utilizadores de água doce a jusante. |
| Ciclo da água<br>Reflorestação e florestação.<br>Expansão das actividades sociais e físicas | Aumentar a cobertura das áreas florestais.<br>Melhorar o bem-estar da comunidade local. | -Comunidade local. | Agricultores que dependem de espaços abertos e zonas verdes para pastar.<br>Os agricultores que se encontram ao longo das infra-estruturas sociais e físicas |
| infra-estruturas. |  |  | expansão. |

Os riscos dos serviços ecossistémicos que estão relacionados com o plano de desenvolvimento da cidade de Mekelle incluem:

• Redução das terras disponíveis para a produção agrícola e pecuária em resultado da expansão das infra-estruturas físicas, sociais e ecológicas, o que tem um impacto no bem-estar dos agricultores e da comunidade local.

• A degradação do abastecimento de água doce devido à extração excessiva, bem como o aumento da poluição da água causada pelos efluentes das descargas industriais e pelo despejo de resíduos a céu aberto nos cursos de água e nos rios, afectam os agricultores a jusante, em particular, e toda a comunidade, em geral.

- Perda de recursos genéticos autóctones em resultado da utilização de culturas geneticamente modificadas e de descendentes de animais.

- Redução da qualidade do ar em resultado das emissões provenientes de transportes e actividades industriais alargadas.

- Ocorrência de fenómenos meteorológicos extremos imprevistos em resultado da perda de serviços de regulação climática devido à expansão das infra-estruturas e da agricultura em detrimento das florestas e de outras zonas verdes.

- Redução dos serviços de regulação dos riscos de inundação e de purificação da água pelas zonas húmidas, o que aumenta a vulnerabilidade dos agricultores a jusante e de outras comunidades devido à conversão das zonas húmidas para uso agrícola.

- Redução dos serviços de recreio e de ecoturismo devido à expansão das infra-estruturas físicas e sociais em detrimento dos espaços verdes e abertos.

- Redução dos serviços de ciclagem de nutrientes em resultado da utilização excessiva de fertilizantes para substituir o serviço de nutrientes que ocorre naturalmente no solo.

- Redução dos serviços de ciclagem de água em resultado da conversão de florestas e outros terrenos verdes em construções de infra-estruturas sociais e físicas.

As oportunidades dos serviços ecossistémicos relacionadas com as decisões de desenvolvimento da cidade incluem:

- Aumento da disponibilidade de alimentos na cidade através da utilização de fertilizantes para aumentar a produção agrícola.

- Melhoria do abastecimento de água doce, aumentando os serviços de filtragem, purificação e controlo da erosão da água através da preservação dos ecossistemas florestais e das zonas húmidas.

- Melhoria da qualidade do ar através de programas de reflorestação e florestação que removem os poluentes da atmosfera através da filtragem de partículas e poluentes atmosféricos pelas folhas das árvores.

- Moderar o clima através da plantação de árvores que possam aumentar a capacidade das florestas para fixar o carbono e servir de armazenamento do carbono em excesso.

• Melhoria do serviço natural de regulação do risco de inundações e de purificação da água através da preservação das zonas húmidas.

• Aumento dos serviços de recreação e ecoturismo através da expansão de florestas, espaços abertos e parques.

• Melhoria do ciclo de nutrientes devido à utilização de fertilizantes orgânicos, como o composto para a produção de culturas

• Melhoria das produções primárias como resultado da utilização de fertilizante de ureia para aumentar o crescimento das folhas.

- Melhoria do serviço de ciclagem da água através do aumento da cobertura florestal na zona superior da bacia hidrográfica.

# Capítulo 7. Conclusões e recomendações

## 7.1 Conclusão

Mekelle é uma das cidades antigas da Etiópia, cuja formação como capital remonta ao período medieval. Astronomicamente, a cidade está localizada entre 13° 22' N 39° 33'E com uma elevação entre 2000-2200 metros acima do nível do mar.

A população atual da cidade de Mekelle, com uma taxa de crescimento anual de 5,4%, é de 334 816 habitantes. O desenvolvimento das casas de habitação, das infra-estruturas sociais, económicas e físicas da cidade está a aumentar com o crescimento da população.

A cidade de Mekelle preparou um plano de desenvolvimento para dez anos, de 2006 a 2015. A administração da cidade identificou a utilização geral do solo, as infra-estruturas, os espaços abertos e os aspectos ambientais, bem como as disposições relativas à habitação, como disposições obrigatórias no plano de desenvolvimento da cidade.

Na cidade de Mekelle, diferentes serviços de abastecimento de ecossistemas (como abastecimento de alimentos, abastecimento de água doce, combustível de biomassa, recursos genéticos, medicamentos naturais, etc.), serviços de regulação (como qualidade do ar, clima, erosão da água, purificação da água e tratamento de resíduos; serviços de regulação de pragas e polinização, etc.) e serviços de apoio (como ciclo de nutrientes, produção primária, ciclo da água, etc.) são fornecidos aos habitantes da cidade. Para além disso, os serviços culturais da cidade estão limitados aos serviços de recreação e ecoturismo. A decisão associada a estes serviços ecossistémicos é a expansão das infra-estruturas sociais e físicas - que prejudicam negativamente as práticas ecossistémicas dos serviços e as práticas de reflorestação e florestação da decisão melhoram o serviço ecossistémico da cidade.

Os factores directos de alteração dos serviços ecossistémicos da cidade incluem a alteração do uso do solo, a perda de espécies, a descarga de poluentes, a utilização de fertilizantes, a variabilidade climática e a criação de animais, enquanto os factores indirectos incluem o crescimento da população, as actividades económicas urbanas, o quadro jurídico e a expansão das infra-estruturas sociais e físicas.

Os serviços ecosistémicos identificados foram analisados em termos da sua relevância com base nas dependências e impactos dos serviços ecosistémicos, quer uma decisão tenha ou não um impacto num serviço ecosistémico, quer limitando ou aumentando a capacidade de outros utilizarem ou beneficiarem desse serviço. Para avaliar as condições e tendências dos serviços ecossistémicos relevantes da cidade de Mekelle, foram identificados indicadores como a quantidade de culturas e legumes por hectare, a retirada de água de poços subterrâneos, espécies de flora e fauna, pessoas afectadas por doenças respiratórias, área sob cobertura florestal, instalações de drenagem, nível de impurezas, área total de parques e espaços verdes.

Os serviços ecossistémicos relevantes da cidade são atribuídos quantitativamente usando valores de mercado para aqueles que são capturados no mercado e indiretamente para aqueles que não são atualmente avaliados no mercado. Como resultado, o valor económico total dos serviços ecossistémicos relevantes na cidade de Mekelle em USD é de $43.748.569.

Ao identificar os riscos e oportunidades dos serviços ecosistémicos, considerámos criticamente as mudanças dos serviços ecosistémicos em termos de trade-offs. Além disso, foram aplicadas ferramentas como o mapeamento da pobreza e dos serviços ecosistémicos, a matriz de impacto da ação e a avaliação económica. Além disso, foram consideradas as decisões, os objectivos, os vencedores e os perdedores do serviço ecosistémico da cidade de Mekelle.

## 7.2 Recomendação

Com base nos riscos e oportunidades acima identificados, são apresentadas a seguir as seguintes recomendações possíveis e viáveis.

- O gabinete de comércio, indústria e desenvolvimento urbano do estado regional de Tigray deve conceber um plano de desenvolvimento urbano integrado e estratégico que evite uma mudança frequente da utilização do solo que resulte em perturbações do ecossistema.

- O município da cidade de Mekelle deve integrar espaços verdes bem concebidos e geridos que possam proporcionar um serviço eficaz de recreio e ecoturismo na sua decisão de expandir as infra-estruturas sociais e físicas.

- O gabinete de agricultura urbana da cidade deve promover a utilização de fertilizantes orgânicos, como o composto, em vez de fertilizantes inorgânicos, para reduzir a eutrofização e o ciclo de nutrientes.

- A administração da cidade de Mekelle deve criar instituições de bancos genéticos que preservem as espécies indígenas de florestas e culturas, prestando mais atenção às espécies ameaçadas de extinção.

- A administração fundiária da cidade de Mekelle e o departamento de proteção ambiental devem fazer cumprir e controlar a aplicação das leis e regulamentos ambientais e conceder incentivos às indústrias que utilizam sistemas de gestão ambiental, de modo a reduzir os poluentes atmosféricos e os efluentes industriais perigosos.

- O município de Mekelle deve formular um regulamento sobre as zonas húmidas (portaria) que garanta a proteção e a recuperação das zonas húmidas para que a água possa ser regulada e purificada.

- O município da cidade de Mekelle precisa de melhorar a silvicultura urbana, tanto em qualidade como em quantidade, mobilizando e sensibilizando os habitantes urbanos da cidade para participarem em programas de florestação e reflorestação, de modo a aumentar a disponibilidade de água doce, a regulação do clima, o ciclo da água, a qualidade do ar e o ciclo de nutrientes.

- O gabinete de transportes e construção da cidade de Mekelle deve ter um regulamento rigoroso que imponha a inspeção e manutenção anual dos veículos motorizados esgotados para reduzir as emissões de gases com efeito de estufa e deve incentivar a utilização dos transportes públicos.

- O gabinete das pequenas e microempresas da cidade deve oferecer um incentivo especial que encoraje os agricultores a dedicarem-se a actividades não agrícolas, de modo a reduzir a expansão da agricultura para as zonas ecologicamente importantes da cidade.

- O município da cidade de Mekelle tem de dar prioridade às acções de forma a promover e conservar o ecossistema com base na sua valorização económica, como o abastecimento alimentar, o abastecimento de água doce, a regulação do clima, o ciclo de nutrientes, a recreação e o ecoturismo e os recursos genéticos.

## Referências

Abebe F., Berhe, D., Berhe, A., Hishe, H. , e Akaleweld, M. (2012). Avaliação da utilização de Ceftriaxone: o caso do hospital de referência de Ayder, Mekelle, Etiópia, Vol. 3, No.7: pp 2191-2195.

Alibaba.com, Hongkong ltd e licenciantes (1999-2013), acedido em 22 de novembro de 2013.

Brush, S. B. e Meng, E. (1998). Farmers' valuation and conservation of crop genetic resources, university of Florida, Daves CA 95616, USA, genetic resources and crop valuation 45: 139-150, 1998, Kluwer academic publishers, Netherlands.

Bryant, C. (2009). Investment opportunities in Mekelle, Tigray state, Ethiopia, MCIANDVCC working paper series on investment in the millennium cities: millennium cities initiatives; the earth institute, Colombia University.

Dereje, A., Pasquine, M., e Dihon, W. (2007). Urban agriculture in Mekelle, Tigray state, Ethiopia: Principal characteristics, opportunities and constraints for further research and development, Mekelle university: vol. 24, No 3: pp218-228, disponível em: doi:10.10.16-j.cities.2007.01008, acedido em 21 Nov 2013.

Kibrom Gebrekristos (2005). Investigação das propriedades de engenharia dos solos de Mekelle, ênfase na saúde dos solos expansivos, Universidade de Adis Abeba, Adis Abeba, Etiópia

Gabinete do projeto de preparação do plano da cidade de Mekelle. (2006). Plano de desenvolvimento da cidade de Mekelle (2006-2015), Administração da cidade de Mekelle.

Mekellecity.com: Investindo na agricultura urbana, data de acesso: 21 nov 2013.

Miehiko, E. e Barbara V.K. (2005). Gender relation and management multiple water use system in Adidaero watershed, international research work shop on gender and collective action, Chaing Mai, Thailand.

Ministério da Agricultura. (2013). Fixação de preços sazonais para insumos agrícolas, agência de crescimento e transformação agrícola, Addis Abeba.

Mohammed Ali, Teklehaimanot Asefaw, e Hagos Beyene. (2010). Revista etíope de desenvolvimento da saúde, Etiópia, vol. 15, n.º 3: pp166-172.

Yetebitu Moges, Zewdu Eshetu e Sisay Nuhe. (2010). Ethiopian forest resources: current status and future management options in view of access to carbon finances, Addis Ababa, Ethiopia.

Printed by Books on Demand GmbH, Norderstedt / Germany